有趣的"数"

主　　编：张　矩

副 主 编：袁　欣　林小光

美术指导：葛　良

SWUP 西南大學出版社

国家一级出版社　全国百佳图书出版单位

图书在版编目（CIP）数据

有趣的“数” / 张矩主编. -- 重庆 : 西南大学出版社, 2020.12 (2022.9 重印)
ISBN 978-7-5697-0506-5

Ⅰ. ①有… Ⅱ. ①张… Ⅲ. ①数学—青少年读物
Ⅳ. ①O1-49

中国版本图书馆CIP数据核字(2020)第226658号

有趣的“数”

YOUQU DE “SHU”

主　编：张　矩

责任编辑：张浩宇
封面设计：谭　玺
排　　版：重庆共点科技有限公司·刘　伟
出版发行：西南大学出版社（原西南师范大学出版社）
地址：重庆市北碚区天生路2号
网址：http://www.xdcbs.com
邮编：400715
印　　刷：重庆友源印务有限公司
幅面尺寸：140mm×203mm
印　　张：5
字　　数：70千字
版　　次：2022年9月　第2版
印　　次：2023年1月　第6次印刷
书　　号：ISBN 978-7-5697-0506-5

定　　价：20.00元

序

我们有根据说数学是人类固有的天赋。众多数学爱好者对数学如痴如醉，然而，我们可爱的小学生面对数学功课却经常感到枯燥乏味。也许这就是初学数学者必须经过的艰苦经历，也许大多数人就是欣赏不了数学的美妙。当然，我们希望仅仅是我们没有找到方法写一本好看的数学书。

数学教学的基本框架形成在纸张与书本相对昂贵的时代，精炼的叙述、严密的结构，都是我们钦佩与欣赏的东西。然而，小学数学的内容，是众多数学天才在人类文明历史长河中，在不同的地域、不同的社会文明环境当中，不同的哲学理念指导下，为了精神上的或者实用的目的，经过辛勤耕耘产生的伟大思想成就的精华。

我们希望，如果我们能够把小学数学知识形成的背景与形成的脉络细细道来，小学数学也就能够显得更加生动有趣一点。

我们塑造了一组人物，通过故事赋予了他们鲜明的性格。我们用他们来“表演”这本书的内容，希望同学们能够喜欢。

主要人物介绍

易佰分：
小梦班上的学霸，求胜心极强，经常引起他人的反感。

布慧庞：
小梦的同学兼好友，吃货一枚，为人憨厚，懂事善良。

姚爱国：
小梦班的班长，一个中二病的热血直男。

夏小梦：
小学三年级学生，夏小天的姐姐，不爱学习，拥有酷酷的性格。

美琪：
小梦班的班花，家庭富裕，受班上男生欢迎，爱耍小性子，非常自恋。

李斯特：

小梦学校的数学教授，头脑灵活，学识丰富，外表俊朗，为人自信，受全校师生喜爱。

迪卡卡：

小梦学校校长，原是全球排名第一的拉弗儿大学的数学系高级教授，为人睿智低调。

张玲：

小梦班的班主任。职业女性，循规蹈矩，服从上级爱护学生，但易被激怒。

夏小天：

夏小梦的弟弟，八个月大。外表看似呆萌，实则是IQ超过200的天才宝宝，经常黏着姐姐夏小梦。

目录

第一话
不存在的“0”

你把分数浓缩成零蛋了。

冷对考试卷，不怕得零蛋。

这可是个哥伦布大鸡蛋。

什么哥伦布鸡蛋，不就是个数字0吗？

懒得解释。

如果“1”是一朵花，
那么“0”又是什么？
努　力

没有喽~

我恨考试！
啪！

哎，在多数人的眼里，"0"的存在是那么自然、简洁。
却不知它曾在希腊遭到嘲弄并最终离开。
在印度过得安逸舒适。
在西方遭遇身份危机。

最初人们在记数时，并没有“0”的概念。后来有了位值制记数法才产生了“0”。

就像中国古代筹算中，利用“空位”表示“0”，而早期零仅是表示空位或一无所有。
“0”＝“无”

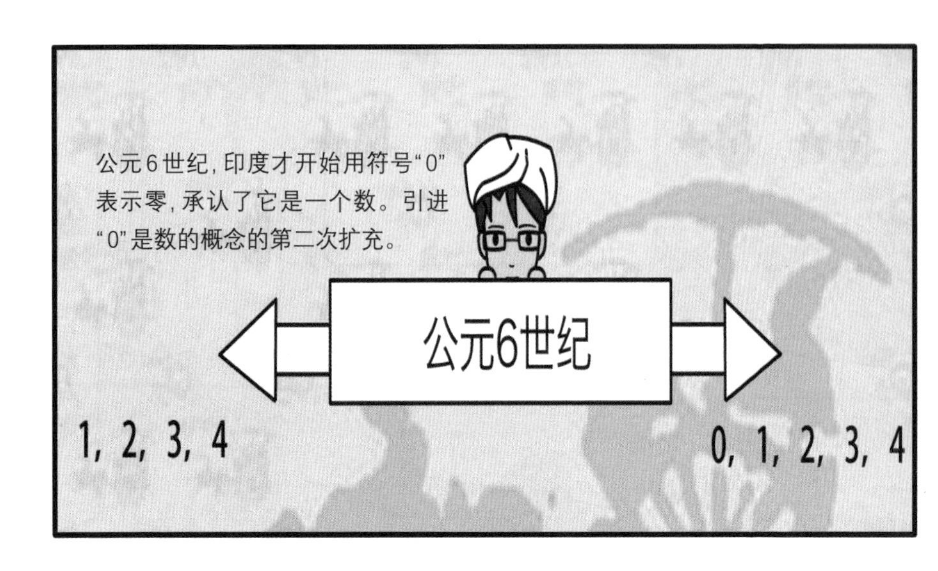
公元6世纪，印度才开始用符号“0”表示零，承认了它是一个数。引进“0”是数的概念的第二次扩充。
公元6世纪
1, 2, 3, 4
0, 1, 2, 3, 4

学到的越多,知道的越多, 知道的越多,忘记的越多……

忘记的越多,知道的越少,为什么要学啊?

此后一个印度人将这种记数法介绍给了阿拉伯人。

又是阿拉伯人？

由阿拉伯商人传入欧洲的“0”，曾一度引起轩然大波，后来成为不可或缺的符号。

有数学家评价过此事。

发明数字“0”是对数学的一大贡献。

曾经有个有趣的“沙堆悖论”：一个由10 000粒沙组成的沙堆，从中取出一粒沙，并不影响它是一个沙堆的事实。
沙堆
???
但一直取下去，还剩一粒沙时，它还能叫沙堆吗？

这一悖论蕴含了一个看似简单但十分深刻的数学问题，也是哲学问题：在1和0、有和无之间是否有一个固定的边界？
1
0
有
无

“0”是从“虚无”演变而来的符号，它可以表示“空位”，本身还是一个数，也是起点或分界。

数学表达着复杂事物的本质问题，是“0”把这个庞大的数学体系连成了一个整体。
3
4

哦，我已经一脑袋浆糊啦！

第二话 为什么不能除以“0”

美味乐奶茶
假如你有“0”块饼干，要分给“0”个朋友，每个人能分到几块？

没有任何意义
的问题。

哦，是吗？

“甜饼怪”会难过，
因为没有饼干吃。

而你也会难过，因为
你一个朋友都没有。

哼！
翻译出来就是：饼干可
以无，朋友必须有。

这不正像数学里讲的："0"可以是被除数，但不能是除数！

除以0确实是个困扰很多人的问题。10除以2等于5，6除以3等于2，1除以0是多少？

小学数学告诉我们，答案是不能除。

为什么？“0”也是个数字，它到底哪里特殊了？

小学算术里把除法定义成“把一个东西分成几份”，分成1，2，3，4，5份都很容易想象，但是你要怎么把10块饼干分给0个人呢？
5份

想象不出来嘛!
所以不能除。

0块饼干分给0个人,本来无一物,好像也没关系。

既然无物也无人,每个人分得多少都是可能的呀,根本无法给出一个确定的数值。
这结论没错,但这都是凭直觉而得到的东西。

想象不出来!

你想象不出来,不一定意味着它没有。

定义和证明
远古时代的数学是建立在直觉上的,计数是够用了,但要进一步发展,就必须要有定义和证明。
壹斤叁文

所以，我们
要上中学。

中学里最最
基本的代数
学——也就
是解方程。

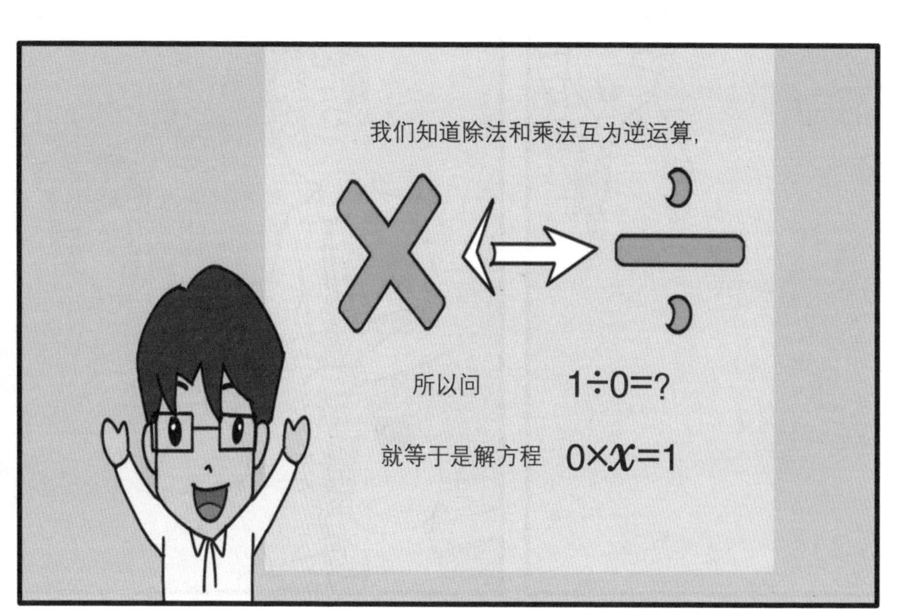
我们知道除法和乘法互为逆运算，
所以问 1÷0=?
就等于是解方程 0×x=1

按照定义，0乘以任何数都是0，所以满足x的数字不存在，所以不能除。
$0\times x=1$

同样，如果问
$0\div0=?$
就等于是解方程
$0\times x=0$

这个我懂！任何数字都可以满足x，所以也不能除，这样无法确定一个单一的答案。

这还只是利用小学、初
中的知识，自然也有高
中、大学知识的解答。

理由……竟然出乎
意料的充足。

2千克棉花
1千克铁块
真空不存在?
重的物体先落地?
有许多直觉在科学里
被推翻了....

我们有种种数学上的方式去证明它无法成立的原因，这些理性的推导也是一种美，不是吗？

呵呵。

哦。

第三话
外星人的进制

科技馆

哇!

这是目前最先进的……
等我长大了,一定要驾驶飞船寻找外星生命!
……

外星人不一定能理解人类的语言，说不定还会把你抓起来。

我看你只要带“0~9”这10个数字就足够了。

为什么?

这10个数字正是十进位制的根本。
“0~9”
李约瑟曾说:“如果没有十进位制,就不可能出现我们现在这个统一化的世界了。”

？？？

……

十进制基于位进制和十进位两条原则。
即所有的数字都用“0~9”十个基本符号表示，满十进一；同时同一个符号在不同位置上所表示的数值不同。

简单的数字却可以讲出复杂的道理!

十进位制的记数法可是古代世界中最先进、科学的记数法，对世界科学和文化的发展有着不可估量的作用。

所以，简单的十个数字就能展现人类的文化和科技……

当然!

最迟在商代时，中国就采用了十进位制。商代的甲骨文中，就有了一到十、百、千、万等数字。

现在的记数文字是不是继承了这些甲骨文的形状？

咳咳。

中国古代的“九九口诀表”，堪称是先进的十进位记数法与简明的中国语言文字相结合之结晶。

在十进制记数法传播到世界各地之前，像古巴比伦采用六十进位的记数法，计算非常繁琐。

古印度直到公元七世纪时才开始采用十进位制，而且很可能是受到中国的影响。

现在通用的阿拉伯数字和记数法，大约在十世纪时才传到欧洲。

如果不能像中国人一样使用十进位制，这真是大不幸！

现在几乎是十进位制一统天下，就连英国也改变了长达几百年的货币制度。

讲出你的故事！
没问题！

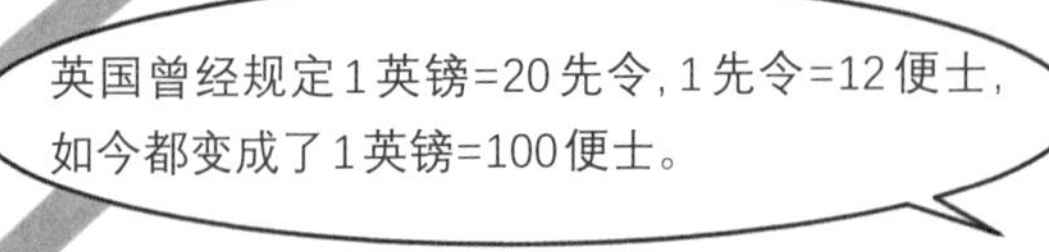
英国曾经规定1英镑=20先令，1先令=12便士，如今都变成了1英镑=100便士。
1£ = 20×
= 12×
1£ = 100×

但也不能认为，十进位已经完全排斥了其他的进位制度。
君不见：一年分四季，一周有七天，电脑用的二进位制，它们都不是十进位制。

可是课本里很少
介绍不同进制的
用法。

这在一定程度上影响了学生对客观世
界多样性与自然规律的认识与理解。

像不像人类采用了十进位
制？这样外星人应该能明白
我的想法了。
……

像十字架！

第四话
九九乘法表
3×3=9
3×4=12
4×4=16
3×5=15
4×5=20
2×6=12
3×6=18
4×6=24
5×6=30
2×7=14
3×7=21
4×7=28
5×7=35
2×8=16
3×8=24
4×8=32
5×8=40
6×8=48
8×8=64

知道“九九歌”也
算一技之长吗？

我确实不算有
多少才学。

但如果您对我以礼相待，还
怕比我更贤能的人不来吗？

这就是齐桓公
纳贤的故事。

那齐桓公把这个
人录用了吗?

当然，齐桓公将此人接进招贤馆。
一个月之后，四面八方的贤士接踵而至。

这个故事告诉我们，是金子总会发光的。

错!

这个故事告诉我们春秋时期“九九歌”已经被人们广泛使用了!
晕哦……

咳咳……
游戏继续，
游戏继续！

九九乘法表呀。
啪啪
啪啪

九五……！

九五四十五，九
九乘法表呀。
七六……！

七六，六七，
六十三
七六，四十二呀！

啊……讨厌！九九乘法表你们偏要倒着背。

这“九九表”可是古代中国对世界文化的一项重要贡献呢，当然得背得滚瓜烂熟的。

嗯嗯。

小梦说得不错，春秋战国时代不仅发明了十进位制，还发明了九九表。
三七二十一。
后来传入高丽、日本，又经过丝绸之路传入印度、波斯，继而流行全世界。

我记得之前在书中看到过古代的九九乘法表是倒过来的。

古代乘法口诀是从“九九八十一”起到“二二得四”止。

战国初期到汉朝，才逐渐加入了“一九得九，一八得八……一一得一”，才和我们今天的“九九乘法表”一样。
一九得九，一八得八。
得……

为什么是“九九”而不是“八或十”？
因为是“九九”开头的呀！

现在"九九"可能只是代表
数字的集合，但是在古代，
数字具有数量性和神秘性
双重特征。

校长又开始说
听不懂的话了。

“九九歌诀”中的“二半而一、一一而二”渗透着《易经》中的造物思想。
另外人们推测这个口诀之所以以九开始，可能也与《易经》中崇拜“九”的观念有关。

我纳闷“九九表”还没传出去之前，国外是怎么算数的？

所以我的问题总是这么具有哲理。

古代的希腊和巴比伦也有
自己的乘法表。

因为他们不知道十进制,
所以他们的乘法表据说有
1 700多项。

1700多项!

心累呀,心疼
他们3秒。

更惨的要数古埃及了，他们连乘法表都没有。
6+6+6+6
只能用“累次迭加法”，说白了也就是“倍乘”来计算。

那如果算 999 × 999，先给 999 翻一倍得 1998，再翻一倍，再翻一倍……

哇，估计古埃及人
都得心疼自己吧！

不行不行，这次我
一定不能出错！

九九乘法表呀……

第五话
负数的烦恼（上）

操场

啪！

零下的温度果然像负数一样令人讨厌啊!

这个我知道,负数最早出现的时候长期得不到欧洲人的认可。

为什么?

因为欧洲在15世纪以前科学文化水平不高，他们觉得负数的出现简直有悖常理。
负数

就像无理数一样！

对于负数他们采取不承认却又运用的方式。就像意大利数学家卡尔达诺在《大术》中一方面承认方程有负根而另一方面又认为它们是不可解的，说负数是“假数”。
解
负根

能算出来的数还有假?!
法国数学家韦达更是采取“掩耳盗铃”的方式，用魔术变化令“x=-y”将方程的负根消除。

数学家的脑洞可真大!
这都算不错的了!

谬
负 数
不 合 理
数学家许凯直接说负数是荒谬的,德国数
斯蒂菲尔把负数称为"荒谬",笛卡儿也把
称为"不合理的数"。

可是笛卡儿创立的直角坐标系中
不就有负轴吗?他也犯糊涂了?

这是后来的事情了。

-1 < 1
有趣的是法国数学家阿纳德还举了一个例子来反对负数，他认为，如果-1<1，那么较小的数与较大的数的比怎么能等于较大的数与较小的数的比呢？

这么说怎么感觉有点儿道理呢？

主要是当时的人们都觉得比0还小的数是不可思议的，所以英国教会不仅反对负数的存在，还提出抗议。
抗议

哇！教会都来凑热闹，默默心疼负数两秒。
难道就没人承认负数吗？

当然不会，欧洲第一个给予负数以正确解释的是斐波那契。
此后数学家吉拉尔在《代数新发现》中真正承认了负数并且提出来用“－”代表负数。
看来一个知识从发现到被认可还真是历经艰辛啊，就像0一样。

相比较负数的艰辛史，我还是对堆雪人更感兴趣。

可是我们的雪人
还差一顶帽子呀！

哇呀！
高处不胜寒啊！

第六话 负数的烦恼（下）
-1
-2
-6
-7
-3
-6
-5

周末
哎。

雨过总会天晴的，
衣服总是能干的。
根据我的经验，只要是负数在的地方一般都没什么好事儿。
为什么？

你看自从我学了负数，气温变负数、上课被扣分、还欠别人钱，难怪欧洲人花了上百年的时间才接受负数。
夏小梦
-20

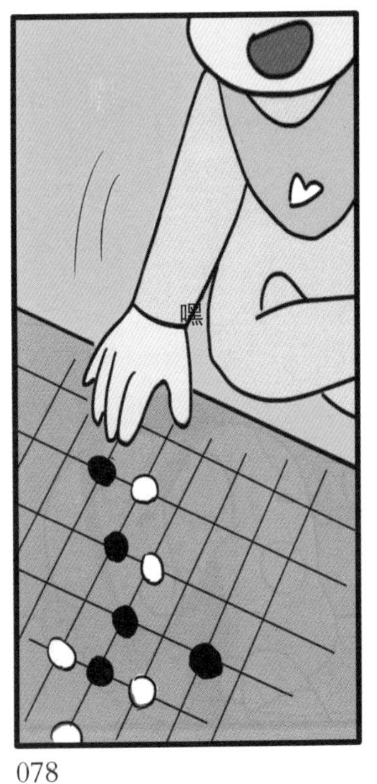
嘿

古代中国在认可负数上可是领先西方1000多年呢！

哦，是吗？

当然，古代中国人很早就在用“不足”、“卖出”等词语表示负数概念。

……
不足
卖出
付
弱

……

可是这也太麻烦了。

作为文明大国，我们的祖
先当然有更好的方法！

说来听听！

锵锵锵！

这个方法就是用"算筹"来表示负数。

算筹？是拿它的长短区分正负吗？

当然不是。

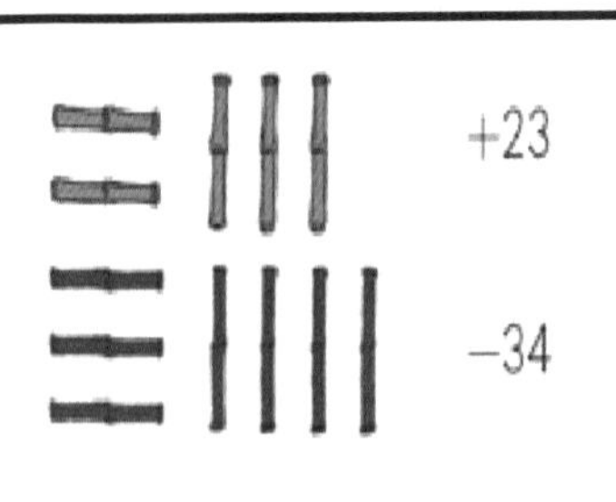
+23
−34

是用颜色区分，红色的算筹表示正数，黑色的算筹表示负数，很形象地区分正数和负数了。

这个方法我喜欢，可是我不可能一直随身带着这些棍子来计算吧！

中国的《九章算术》中明确提出了负数的概念，以及正负数的运算法则。

《九章算术》一书中提到以下观点：同名相除，异名相益，正无入负之，负无入正之。其异名相除，同名相益，正无入正之，负无入负之。

你在读绕口令吗？

傻了吧，听不懂了吧！不过数学家刘徽对此做了解释：今两算得失相反，要令正负以名之。

又来了！！！

咳咳……

就是在计算的过程中遇到意义相反的两个数用正数和负数来区分它们。
快别念了，饶了我吧。
你没发现这个还蕴藏着正负数的运算规则吗？
“得失相反”就是说在加减法运算中，加上一个“正数”等于减去一个“负数”，加上一个“负数”等于减去一个“正数”。

中华文化真是博大精深!
我想说,这只是定义。
待我给你开一副"加减法法则"良药,保证药到病除。
+23
-34

让你再次感受一
下符号的魅力！
啊！我的衣服啊！
都是负数惹的祸！

第七话　汗水与灵感的对决

风华小学

夏小梦！别跑！
作业交上来！

明天再说!
有本事你来抓我呀!
呼
呼

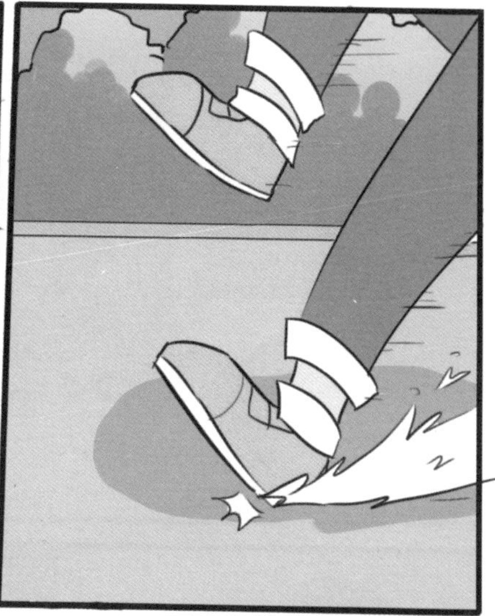

哎呀!!!

天……天才是99%的汗……水
加1%的灵感。

你既没有那的灵感，也没有付出的汗水。

汗水与灵感缺一不可！

相比前者，爱迪生只能算是个“勤奋的笨小孩”。

铛铛铛……
空白
试卷

还我！

喂！你到底站在哪边啊！

站在智慧那边。

我百分之百被
你们坑了！

有进步！还
知道百分数！

啊?！啥是百分数?

嗯……百分数的历史应当延伸到早期的商业活动之中……

有证据表明百分数的商业应用可以追溯至公元3世纪的印度，有可能更早。

百分数在我妈妈眼里就是年利率和税率。
早期类似百分数的概念包括利息和税等。在《算术珍本》—书中所发布的原稿可以看出，百分数被用在了商业问题中，包括利息、税收和货币兑换等。

"100"是被当作一个基础。

这里面还有更多的知识。

100是“基础”？它不是分母吗？

将100称作基础而不是分母，是因为将它作为了一个“标准”。之所以选择100，也是满足了人们的主观意愿。

我的主观意愿可不是做百分数题。

其实，百分数就是通过"百"来确定具体的数额。公元3世纪的印度，明确地以100为基础来确定每月的利率。

100%
到了16世纪，随着贸易迅速发展，人们对计算的精确度要求越来越高，这才出现了把分母是100的分数称为百分数。

我只认带"%"的百分数！

百分数由一个具体的数向一种抽象关系转变，归功于"%"。

大约1650年，“pc”标志的百分数演变成了水平的分数表示形式，即“per $\frac{0}{0}$ ”。而后，“per”也不见了，只留下了“ $\frac{0}{0}$ ”这个符号，并最终变为了“%”。
P ⇒ Per$\frac{0}{0}$
$\frac{0}{0}$ ⇒ %
纵观百分数的发展，可以说它作为一个社会生活的度量尺度，逐渐被人们所接受，而且随着时间的推移不断扩展意义和使用领域。
pc
per$\frac{0}{0}$
$\frac{0}{0}$
%

天才是……

第八话 不讲道理的数（上）

电影院

3是多么美好的数，
而我为什么却躲在
狠毒的根号下悲戚。
也曾妄想幻化成9。
因为9只需要一点点
小小的运算便可摆脱
这残酷的厄运。

我看到了另一个 $\sqrt{3}$，我们彼此相乘，得到那梦寐以求的数字像整数一样圆满……

好帅！好感人！

不就是一个无理数嘛!

……

$\sqrt{3}$ 是个啥?
不知道。

$\sqrt{3}$ 就是一个无理数而已。
$\sqrt{3}$

有理数……我好像听李老师讲过，包括整数、分数和零。
整数
分数
零
好好的数，为什么就无理呢？

知道毕达哥拉斯学派吧？

就是那个研究数学的组织。

据说毕达哥拉斯学派的人都深信“万物皆数”，也就是任意数都可以用整数及分数表示。
这不可能办到嘛！
对啊，他的弟子希伯斯无意中发现，边长为1的等腰直角三角形的斜边长 $\sqrt{2}$，不能用整数加分数表示。
1
1
$\sqrt{2}$ ≠ 整数 + 分数

像李老师一样
的数学天才！

所以他就推翻了“万物
皆数”的理论。
希
万物
皆数
学霸不愧是学
霸，厉害！！

不是他厉害，是希伯斯厉害，好
吗？看来希伯斯和李斯特老师
一样聪明呢！嘻嘻嘻……

可惜最后被投入大海了！

为什么！！
因为这一发现让整个学派的人惶恐不安，动摇了他们在学术界的统治地位，所以就把希伯斯扔进了大海。

这也太残忍了吧!

数学家的世界岂是
你们能理解的!

说了这么久,你
们都不饿吗?

你……太过分了，
没同情心的家伙。

第九话
不讲道理的数（下）

啪！

快，告诉我什么是
无理数。

嗯……你又受什么
刺激了？

少废话！易佰分把昨天偷学
的无理数在李老师面前秀了
一把，可恶啊！

看来真受刺激了。

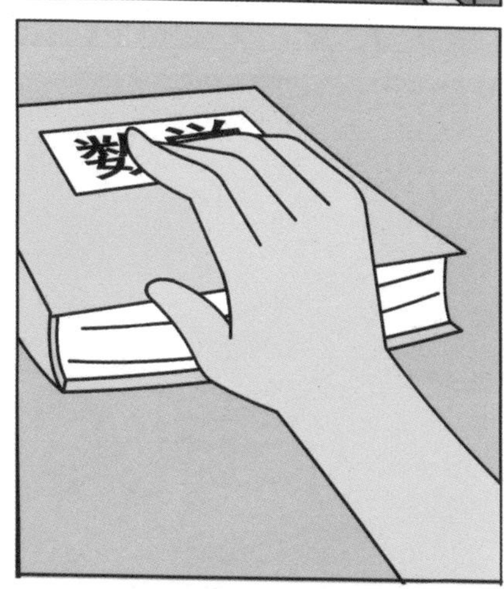

所谓无理数，就是无限不循环小数。

无限不循环小数……

无限……不循环
……小数?!
数学

啪!

哎……圆周率知道吧?

这个我知道,
我还会背呢!
山巅一寺一
壶酒……

啊呀!
以前能背30位的,
搞忘了。

背再多少位也背不完,圆周率π
是一个典型的无理数。它既是
无限的,而且还不循环,你永远
都无法猜出下一个数字是什么。

我知道了。

无理数不仅不讲理,还絮絮
叨叨,没完没了,前言不搭
后语!哈哈哈!

败给你的想象力了。

那你继续……

有理数并没有布满数轴上的点，在数轴上存在着无穷无尽的不能用有理数表示的“孔隙”。

这个发现引发了数学史上的第一次数学危机。

喂！来点实际的！

好吧，常见无理数的约数值你知道哪些？比如 $\sqrt{2}$？

$\sqrt{2}$ 就是1.41421。

不是
这个！
说你傻你还谦虚！
1.41421 不就是"意
思意思而已"嘛！

这才是实际的！
哎，我差点信了你……

你再举个例子。
$\sqrt{7}$ 约等于
2.6457513。

这么长……
容我好好发
挥一下聪明
才智。

二妞是我，气我一生！
二妞是我，气我一生！

怎么样?

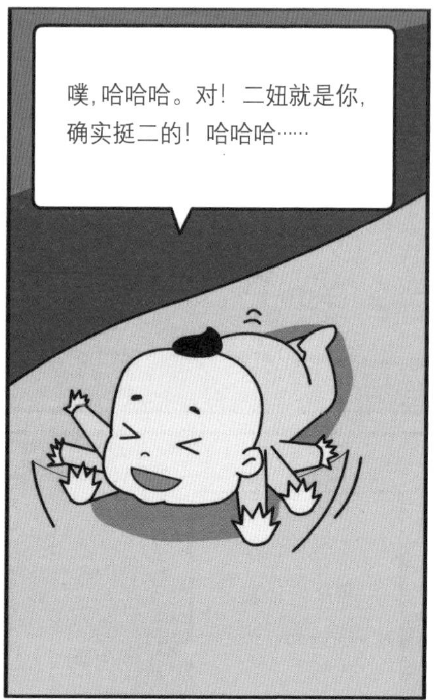
噗,哈哈哈。对!二妞就是你,
确实挺二的!哈哈哈……

第十话 质数不孤独（上）

辩题：质数孤独不孤独

风华小学第七届辩论大赛
评委席

正方：质数很孤独
反方：质数不孤独

咳，咳，
咳……

著名文学大师保罗•乔尔达诺在《质数的孤独》中提出一个观点。

质数在自然数的无穷序列中，它们处于自己的位置上，和其他所有数字一样，被前后两个数字挤着。
质
质
但它们彼此间的距离却比其他数字更远一步，所以它们是多疑而又孤独的数字。

那么质数到底孤独不孤独呢？

下面请双方阐述自己的观点。

人们一般把整数看作是最基本的数，其他的数都是由整数衍生出来的。

但是专门研究整数的人却认为质数才是最基本的数，称之为“数根”。
“数根”

……

既然它是数的根本，所谓“最特别的人往往最寂寞”，所以质数很孤独。

质数是素未谋面的数吗？

……

呵呵呵……
我们赢定了！

二辩
一辩
质数不孤独

所谓质数，也叫素数，就是只有1和它本身两个约数的数。
辩题：质数孤独不孤独
评审
二辩
一辩

远在2000多年前，古希腊数学家就把自然数分为1、质数和合数，并且证明了质数有无穷多个。
既然它有无穷多个小伙伴，它为什么会孤独呢?!

质数既然是构成自然数的单位，那就说明每个自然数的身体里都有它。

那它为什么还会孤独呢?! 综上所述，质数不孤独!

……

你的忽悠本事见涨啊!
那是!

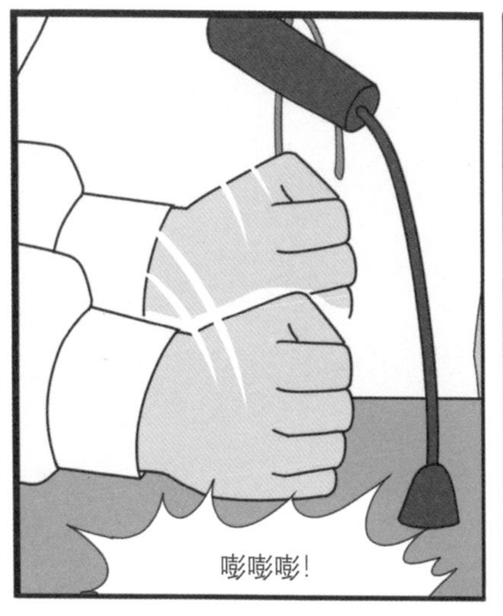
嘭嘭嘭!

安静!
咳咳!
评审
评审

……

嗯,不错!
任意一个大于1的自然数,要么本身就是质数,要么能分解成几个质数的连乘积。
自然数
(>1)
质数
质数的连乘积
这就是为什么说质数是“数根”的原因。

第十一话 质数不孤独（下）

下面进入攻辩环节，先请反方提问。
反方：质数不孤独

我想问一下对方辩友，最基本的怎么会是最孤独的呢？

因为它特别呀！
那我要问反方辩友，你们怎么确定质数有无穷多个，你们证明过吗？

……

这个问题，伟大的数学家欧几里得早就帮我们解决了。

证明方法很简单。假设质数是有限个，设为 q_1，q_2，…，q_n 设 $p=q_1q_2\cdots\cdots q_n+1$。显然 p 不能被 q_1，q_2，…，q_n 整除！

所以呢?

所以只有两种情况: p 为质数或 p 有除 q_1, q_2, …, q_n 之外的其他质因子。

对哦! 不管哪种情况, 都能说明质数有无限多个。

美琪……你是正方。
不好意思。

所以质数是无限的，它们一点儿也不孤独！

……

厉害！厉害！

啪啪啪

接下来是自由辩论环节。

咳咳咳……

我们以100以内的质数为例，仿照古希腊数学家埃拉托塞尼亚的“筛法”。
把1和所有合数都去掉，这样就得到了100以内的质数表。

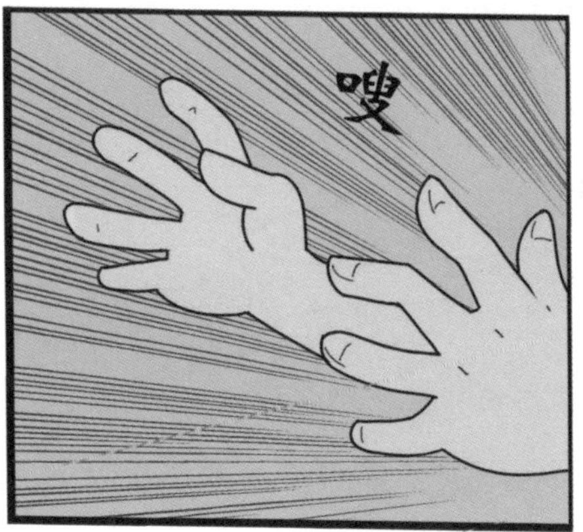
嗖

看！这些素数的位置毫无规则！它们得多孤独！你们还有没有同情心啊！
100以内的质数

正方:

嘿嘿,看我的绝地反击!

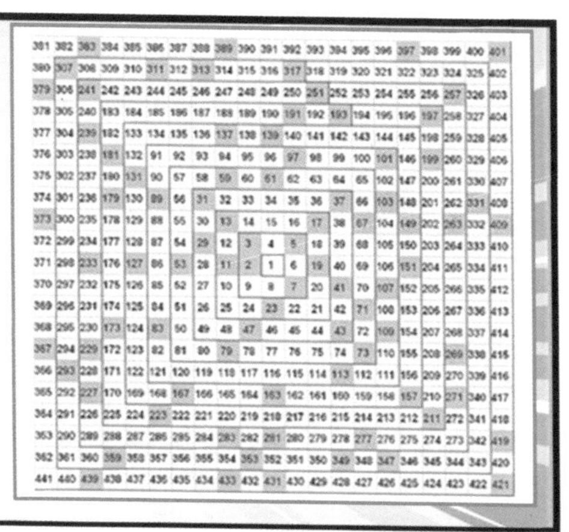

381	382	383	384	385	386	387	388	389	390	391	392	393	394	395	396	397	398	399	400	401
380	307	308	309	310	311	312	313	314	315	316	317	318	319	320	321	322	323	324	325	402
379	306	241	242	243	244	245	246	247	248	249	250	251	252	253	254	255	256	257	326	403
378	305	240	183	184	185	186	187	188	189	190	191	192	193	194	195	196	197	258	327	404
377	304	239	182	133	134	135	136	137	138	139	140	141	142	143	144	145	198	259	328	405
376	303	238	181	132	91	92	93	94	95	96	97	98	99	100	101	146	199	260	329	406
375	302	237	180	131	90	57	58	59	60	61	62	63	64	65	102	147	200	261	330	407
374	301	236	179	130	89	56	31	32	33	34	35	36	37	66	103	148	201	262	331	408
373	300	235	178	129	88	55	30	13	14	15	16	17	38	67	104	149	202	263	332	409
372	299	234	177	128	87	54	29	12	3	4	5	18	39	68	105	150	203	264	333	410
371	298	233	176	127	86	53	28	11	2	1	6	19	40	69	106	151	204	265	334	411
370	297	232	175	126	85	52	27	10	9	8	7	20	41	70	107	152	205	266	335	412
369	296	231	174	125	84	51	26	25	24	23	22	21	42	71	108	153	206	267	336	413
368	295	230	173	124	83	50	49	48	47	46	45	44	43	72	109	154	207	268	337	414
367	294	229	172	123	82	81	80	79	78	77	76	75	74	73	110	155	208	269	338	415
366	293	228	171	122	121	120	119	118	117	116	115	114	113	112	111	156	209	270	339	416
365	292	227	170	169	168	167	166	165	164	163	162	161	160	159	158	157	210	271	340	417
364	291	226	225	224	223	222	221	220	219	218	217	216	215	214	213	212	211	272	341	418
363	290	289	288	287	286	285	284	283	282	281	280	279	278	277	276	275	274	273	342	419
362	361	360	359	358	357	356	355	354	353	352	351	350	349	348	347	346	345	344	343	420
441	440	439	438	437	436	435	434	433	432	431	430	429	428	427	426	425	424	423	422	421

我把数字换个位置，正中间一个填上1，以此为出发点按逆时针螺旋状地逐个填数，再找出质数。
你们看出了什么？

哈哈，这些质数大都扎堆于一些斜线，而不是孤立的。
老师!!

夏小天不是我们班的！应该取消他的比赛资格！
评审
评审

嗯，自由辩论很精彩呀！

刚刚小天说的就是著名的“乌兰现象”，这个现象在更大的范围内也存在！

今天双方表现得都很好。本场辩论比赛到此结束！下课！

那谁输谁赢啊？

输赢不重要！重要的是李老师开创了一种新的数学授课方式！

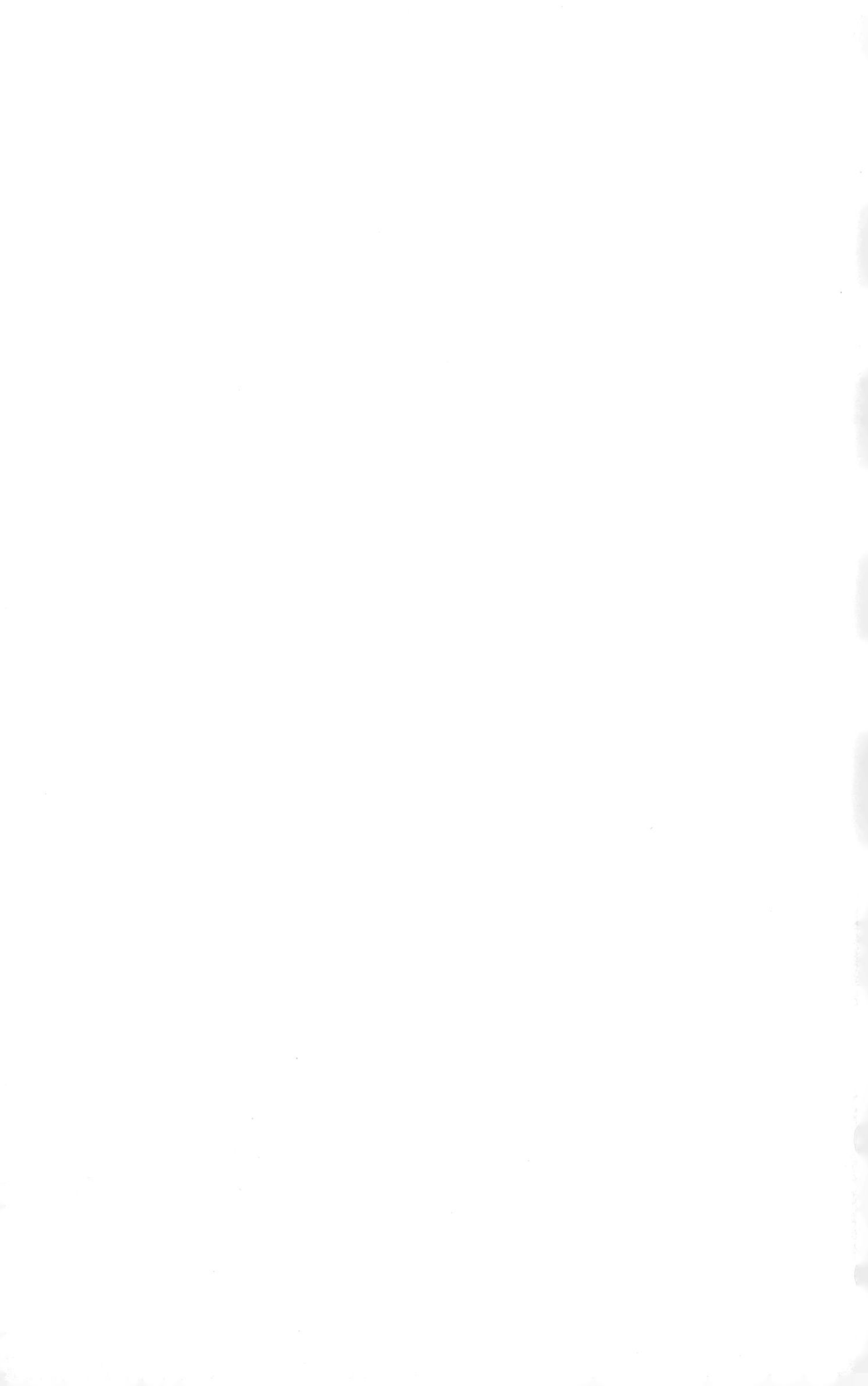

特别鸣谢

（以下排名不分先后）

重庆邮电大学科普写作社团：罗夕洋

重庆师范大学：崔梦梅

漫画制作：重庆樊拓思动漫有限公司、彭云工作室、徐世晶、廖佳丽、黄慧